72种创意美食

KONGQI ZHAGUO DE 72 ZHONG CHUANGYI MEISHI

U0117942

米小厨◎主编

民主与建设出版社

·北京·

© 民主与建设出版社，2023

图书在版编目（CIP）数据

空气炸锅的 72 种创意美食／米小厨主编 .－－北京：
民主与建设出版社，2023.10
ISBN 978-7-5139-4351-2

Ⅰ.①空… Ⅱ.①米… Ⅲ.①油炸食品－食谱 Ⅳ.
① TS972.133

中国国家版本馆 CIP 数据核字（2023）第 168090 号

空气炸锅的 72 种创意美食
KONGQI ZHAGUO DE 72 ZHONG CHUANGYI MEISHI

主　　编　米小厨
责任编辑　廖晓莹
封面设计　天之赋设计工作室
出版发行　民主与建设出版社有限责任公司
电　　话　（010）59417747　59419778
社　　址　北京市海淀区西三环中路 10 号望海楼 E 座 7 层
邮　　编　100142
印　　刷　三河市天润建兴印务有限公司
版　　次　2023 年 10 月第 1 版
印　　次　2023 年 10 月第 1 次印刷
开　　本　710 毫米 ×1000 毫米　1/16
印　　张　10
字　　数　130 千字
书　　号　ISBN 978-7-5139-4351-2
定　　价　56.00 元

注：如有印、装质量问题，请与出版社联系。

PREFACE
前 言

家里的厨房锅具不胜枚举，
可总有不称心如意之处。
不是油烟大，就是少油易煳锅，
要么就是需要在锅前照看。

当您遇到空气炸锅，
当您用它烹制食物，
就会发现那些烹饪烦恼瞬间一扫而光。
空气炸锅，小巧、操作简单、无须长时间照看，
重要的是少油烹饪、无油烟，
是一种健康满满的烹饪方式。

炸薯条、炸洋葱圈、炸鱿鱼圈、炸春卷，好吃又诱人，
但又担心饱了口福，丢了健康。
有了空气炸锅，大可以放心食用这些油炸食品。
在家自己轻松做，
健健康康地大快朵颐。
教人如何不爱它？
小小空气炸锅，
满满幸福享受。

CONTENTS
目　录

Chapter 1
快速上手的空气炸锅

Chapter 2
四季蔬食，营养美味

Chapter 3
鱼虾贝类，鲜味十足

Chapter 4
畜肉禽蛋，香嫩多汁

Chapter 5
馋嘴小吃，花样可口

Chapter 1

快速上手的空气炸锅

空气炸锅，厨房里的一位"新媛"，长得娇小，但功夫却不一般，无论煎、炸，还是烘、烤，都是大师级别。在这一章节里，大家快来邂逅这位"新媛"吧！

空气炸锅使用指南

　　无法抵御油炸食品的美味诱惑，但健康总是会无声地抗议。所以，每次享受油炸食品的美味时，内心深处无数遍地对自己说，为了健康，这是最后一次吃油炸食品。空气炸锅，绝对可以成为油炸食品粉丝们的挚爱。因为有了空气炸锅，美味和健康也能成为形影不离的好伙伴：只在食材表面刷上少许油，甚至不用油也可以烹制出美味的油炸食品，满足了口腹之欲的同时，还吃得更为健康，教人如何不爱这口锅？

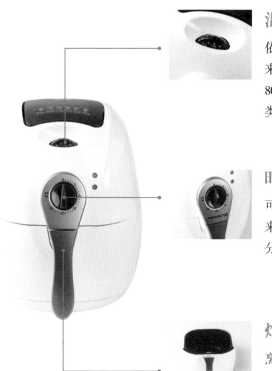

温度控制钮

依据食材的种类及食材的厚度等来设定所需的温度，温度范围为80℃ ~ 200℃。烹饪蔬果比烹饪肉类所需的温度会低一些。

时间控制钮

可依据食材及个人所喜好的口感来设定烹饪时间，一般为5~30分钟。

炸篮

烹制的食材可直接放于炸篮内，如怕粘锅不好清洗，底部可铺上锡纸，或用耐高温容器盛装食材来烹制。

烹制食材有讲究

别看空气炸锅长得小巧，烹饪能力却是不可小觑的，不但可以烹制出健康的炸物，还有很多"秘密绝技"。

健康、少油

空气炸锅因其体积小、操作简单等优点备受青睐，其中最重要的是少油的烹饪方式。

空气炸锅通过让热空气在密闭的锅内高速循环来烹制食材，简而言之，用热空气代替了油炸，有效地减少了食材的油分；而那些本身油脂较多的食材，经过空气炸锅的烹制，还可以将其中的油分析出，降低了油分含量。

热空气不但可以将食材烹制熟，也会带走食材表面的水分，使食材能够达到外酥里嫩的口感。所以，用空气炸锅烹制出的食物与油炸食品在口感、味道上几乎无差异。

安全、易操作

将食物放入炸篮内，推入锅中，设定好温度和时间，无须长时间照看，这就是空气炸锅的使用流程。

空气炸锅可以智能控制温度，当锅内热度达到设定温度时，炸锅就会自动停止加热。设定时间结束时，炸锅会发出声音提醒，并且会自动切断电源。

多元用途

虽然空气炸锅可控的只有温度和时间，但却适用于不同的烹饪方式：可以炸出人气薯条，烤出松软的牛角面包，烤出喷香牛排，可谓是小巧厨具多用途。除此之外，空气炸锅可以在短时间内加热菜肴。

使用空气炸锅的 6 个技巧

空气炸锅即便操作简单，但也有一些使用技巧。掌握了这些技巧，美味轻松可得！

【技巧1】若将食材紧密地放于炸篮内，会阻碍锅内热空气的有效循环，降低加热效率。所以，最好让食材间留有一定的空隙，便于热空气的流通。

【技巧2】本身含有油脂的食材，即便完全不用油，炸出来的品相和口感也很好，而且其中的油脂还会被析出来。

【技巧3】蔬菜、水果等本身无油脂的食材，烹制时最好在表面刷上少许食用油。一是可以保存食材本身的水分，以保证口感；二是可以防止其粘在炸篮上。

【技巧4】用空气炸锅烹制食材时，最好先预热炸锅，这样可以更快速地烹制好食材，也可以减少食材与热空气的接触时间，从而能更多地保留食材本身的水分。

【技巧5】如果一次性放入炸锅中的食材较多，炸制过程中最好翻动食材数次，以保证其受热和色泽均匀。

【技巧6】由于空气炸锅内的热空气会带走食材表层的水分，因此，若想让食物外皮较松软，可以将食材用锡纸包住后再放入锅中烹制。

腌制食材有方法，
保证美食更入味

01
搅拌腌制法

将腌料放入待腌制的肉中，充分搅拌均匀，然后如按摩一样，用手搅拌肉以便肉质更软化，味道更易进入肉中。

02
密封腌制法

将肉与腌料充分拌匀后，装入可密封的塑料封口袋中，可以适当用力挤压塑料袋，以加快其入味速度。

03
拍打腌制法

可以先用刀背或是松肉锤拍打待腌制的肉，从而让肉的纤维组织变松散，这样腌制时可快速入味。

04
水果腌制法

腌制肉时，可以加入一些能软化肉质的水果，如菠萝、苹果、橘子等，被软化后的肉在短时间内更易入味。

05
蔬菜腌制法

蔬菜和水果有软化肉质的作用，虽然某种程度上来说蔬菜的效果不及水果，但蔬菜可以去除肉类本身的一些味道，如腥膻味，这是水果所不易做到的。尤其是洋葱、姜、大蒜等食材。

各类食材搭配的 经典酱汁

01 豆豉酱

原料

豆豉............150 克
蒜末............20 克
姜末............8 克
红葱头末......10 克
辣椒末..........少许

调料

酱油............20 毫升
白糖..............适量
食用油............适量

做法

1 将豆豉洗净剁碎，备用。

2 热锅注油烧热，爆香姜末、蒜末、辣
椒末、红葱头末。

3 加入豆豉，炒香。

4 放入白糖、酱油，煮滚即可。

02 酸辣酱油汁

原料

辣椒圈............适量
蒜末..............适量

调料

酱油............40 毫升
醋..................5 毫升
芝麻油............少许

做法

1 将酱油倒入碗中，再加入醋，搅拌均匀。

2 将适量芝麻油淋入碗中，搅拌均匀，加
入蒜末，拌匀。

3 放入备好的辣椒圈，搅拌均匀后静置一
段时间，最后捞出辣椒圈即可。

03 叉烧酱

原料

葱白........80 克
洋葱........适量
大蒜........适量

调料

红曲粉、鱼露......各 10 克
酱油、蚝油........各 50 克
白糖........................60 克
食用油、水淀粉......各适量

做法

1 大蒜、葱白均洗净切碎；洋葱洗净切碎。

2 蚝油加鱼露、白糖、清水、红曲粉、酱油拌匀。

3 热锅注油，倒入葱末和蒜末，翻炒出香味。

4 再加入拌好的调料、洋葱碎，淋入水淀粉，炒至黏稠关火即可。

04 鲜辣酱

原料

干辣椒..........200 克
小虾米..........50 克
姜末..............20 克
蒜末..............30 克

调料

盐..................少许
食用油..........适量
冰糖..............15 克
蚝油..............适量

做法

1 干辣椒用开水泡软后，用搅拌机打成辣椒酱。

2 将小虾米放入搅拌机，打成虾粉。

3 锅中注油烧热，爆香姜末、蒜末、虾粉。

4 加入辣椒酱、盐，搅拌均匀，加入冰糖、蚝油，小火慢熬至浓稠即可。

Chapter 2

四季蔬食，营养美味

　　蔬菜种类繁多，营养成分也极为丰富，无论是作为主料，还是作为其他食材的配料，都是一日不可不食的清新佳肴。

　　有了空气炸锅，烹制出健康蔬食就是如此轻松！

香烤玉米杂蔬

🕐 烹饪时间：8 分钟　　🍲 难易度：★☆☆　　🧂 口味：咸

【材料】罐装玉米粒 150 克，口蘑 50 克，青椒 40 克，红彩椒 50 克
【调料】食用油、盐、白胡椒粉各适量

制作方法 *Cooking*

---

1 炸篮里铺上锡纸，锡纸上刷上食用油，以 180℃预热 3 分钟。

2 口蘑洗净，切薄片；红彩椒、青椒均洗净，去籽切小块。

3 青椒、红彩椒、口蘑、玉米粒放入炸锅中，加入盐、白胡椒粉，拌匀。

4 以 180℃烤制 5 分钟后，将烤好的食材倒入盘中即可。

扫一扫二维码
视频同步做美食

🍳 烹饪小贴士

如果切青椒辣手了，可用白醋涂抹患处，再用冷水冲洗掉；
也可用碱性肥皂反复冲洗，可以减轻症状。

玉米双花

⏱ 烹饪时间：8 分钟　　🍲 难易度：★ ☆ ☆　　🧂 口味：咸

【材料】玉米 1 根，西蓝花 50 克，花菜 50 克
【调料】食用油、盐各适量

———————————— 制作方法 *Cooking* ————————————

1 空气炸锅以 150℃预热 3 分钟。
2 西蓝花、花菜均洗净，擦干水，切小朵；玉米切段，将切好的食材装入碗中。
3 将少许盐撒入碗中，拌匀。
4 将预热好的炸篮刷上少许食用油，放入玉米、西蓝花和花菜，在食材的表面刷上食用油，以 150℃烤 5 分钟。
5 将烤好的食材取出，装入盘中摆出造型即可。

烹饪小贴士

将花菜放入盐水中浸泡几分钟，有助于清除残留农药。选购花菜时，以花球周边不松散、无异味、无毛花者为佳。

扫一扫二维码
视频同步做美食

香醋什锦蔬

🕐 烹饪时间：18 分钟　🍲 难易度：★ ☆ ☆　🎛 口味：咸

【材料】小胡萝卜 150 克，南瓜 200 克，紫洋葱 1 个，西葫芦 100 克，
　　　　紫薯 100 克，松子仁少许
【调料】巴萨米克醋 15 毫升，橄榄油、盐各适量

---------------------------- 制作方法 *Cooking* ----------------------------

1 小胡萝卜洗净；南瓜洗净，去瓜瓤，切小瓣；西葫芦洗净，切片；紫薯洗净，
　切瓣；紫洋葱剥去表皮，洗净，切去头、尾后再切瓣。
2 空气炸锅以 160℃预热 3 分钟。
3 将蔬菜表面的水擦干，均匀地抹上巴萨米克醋，再刷上少许橄榄油，撒上盐。
4 将南瓜、小胡萝卜、紫薯放入炸锅中，以 160℃烤 7 分钟；再将其余蔬菜放入
　炸锅中，铺平，续烤 8 分钟。
5 将烤好的蔬菜装入盘中，撒上松子仁即可。

烹饪小贴士

紫薯表面可以不刷油，如果刷上蜂蜜烤，其味道会更香甜。

香烤南瓜

🕐 烹饪时间：15 分钟　🍲 难易度：★☆☆　🧂 口味：甜

【材料】南瓜 200 克

【调料】盐 2 克，食用油适量

---------------- 制作方法 *Cooking* ----------------

1　空气炸锅以 150℃预热 5 分钟；南瓜洗净，去瓤，切扇形，备用。

2　在切好的南瓜表面均匀地刷上食用油，再撒上少许盐，抹匀。

3　将南瓜放入预热好的炸锅中，以 200℃烤约 10 分钟。

4　将烤好的南瓜取出，装入碗中即可。

南瓜

切开后剩下的南瓜，可将南瓜子去除，用保鲜袋装好，再放入冰箱冷藏。这样可以更多地保留住南瓜本身的水分。

烹饪小贴士

南瓜中所含有的胡萝卜素耐高温，多刷些食用油烤制，更有助于人体吸收。

扫一扫二维码
视频同步做美食

香烤茄片

⏱ 烹饪时间：15 分钟　　🍲 难易度：★☆☆　　🧂 口味：咸

【材料】茄子 1 根，蒜末、香菜碎各适量
【调料】盐 2 克，食用油各适量

----- 制作方法 *Cooking* -----

1 空气炸锅 150℃ 预热 5 分钟；茄子 洗净，切厚片。

2 在茄片表面刷 上食用油，撒上 少许盐。

3 将茄片放入预 热好的炸锅内，以 150℃烤制 10 分钟。

4 将烤好的茄片取 出，装入碗中，撒 上适量的蒜末、香 菜碎即可。

烹饪小贴士

挑选茄子时，茄子外观亮泽，表示新鲜程度高；表皮皱缩、
光泽黯淡，说明已经不新鲜了。

扫一扫二维码
视频同步做美食

芝士茄子

⏱ 烹饪时间：13 分钟　🍲 难易度：★☆☆　🧂 口味：咸

【材料】茄子 1 根，红彩椒 30 克，黄彩椒 30 克，芝士适量
【调料】盐少许，食用油适量

---------------- 制作方法 *Cooking* ----------------

1 炸篮刷上少许食用油，以 160℃预热 5
  分钟；茄子洗净，去根部，对半切开后
  再切去尾部。

2 芝士切成碎，装入碗中；红彩椒、黄彩
  椒均洗净，切成碎，装入碗中。

3 茄子的切面上撒上少许盐，再放上芝士
  碎，制成芝士茄子生坯。

4 炸锅中放入茄子生坯，表面刷上食用
  油，以 160℃烤 8 分钟。将烤好的茄子
  取出，撒上适量彩椒碎即可。

茄子

茄子表皮覆盖着一层蜡质，
有保护茄子的作用。一旦蜡
质层被破坏掉，就容易受微
生物侵害而腐烂变质。

🍳 烹饪小贴士

茄子切开后如不马上烹制，由于氧化作用会很快由白变褐。
可将其泡入水中，待烹制前取出，擦干水即可。

扫一扫二维码
视频同步做美食

香草西葫芦

🕐 烹饪时间：11 分钟　🍲 难易度：★☆☆　🧂 口味：咸

【材料】西葫芦 200 克，蒜末、莳萝草（也可加茴香）碎各适量
【调料】盐 3 克，食用油适量

---------- 制作方法 *Cooking* ----------

1 空气炸锅 180℃ 预热 3 分钟；西葫芦洗净，切片。

2 在西葫芦片表面刷上食用油，撒上盐，抹匀。

3 将西葫芦片放入炸锅中，以 180℃ 烤 8 分钟。

4 将烤熟的西葫芦片取出，装盘，撒上蒜末、莳萝草碎即可。

烹饪小贴士

西葫芦片表面也可裹一层面粉蛋液，有助于补充动物蛋白。

蘑菇盅

⏱ 烹饪时间：15 分钟　　🍲 难易度：★☆☆　　🔋 口味：咸

【材料】口蘑 10 个，红彩椒 1 个，培根 50 克，芝士、米饭各适量
【调料】食用油适量，盐、白胡椒粉各少许

---------------------------- 制作方法 *Cooking* ----------------------------

1 空气炸锅以 160℃预热 5 分钟；口蘑洗净，去蒂，仅留下头的部分；红彩椒洗净，切成碎，装碗。

2 培根切碎；芝士切小丁；米饭装碗，加入彩椒碎、培根碎、盐、白胡椒粉、食用油，拌匀。

3 取一个口蘑，装入适量米饭；余下的口蘑依次装入米饭，再在米饭上放上适量芝士碎。

4 炸篮刷油，放入口蘑，以 160℃烤 10 分钟。将烤好的食材取出，装入盘中即可。

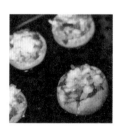

烹饪小贴士

米饭中加入的食材，可依个人口味更改。

扫一扫二维码
视频同步做美食

烤藕片

⏱ 烹饪时间：9 分钟　🍲 难易度：★ ☆ ☆　🗄 口味：咸

【材料】莲藕 250 克
【调料】盐 2 克，食用油适量

---------------- 制作方法 *Cooking* ----------------

1 空气炸锅以 180℃预热 3 分钟。
2 将洗净去皮的莲藕切成片，莲藕片表面刷上少许食用油，撒上盐。
3 莲藕片放入空气炸锅，以 180℃烤约 6 分钟。
4 将烤好的莲藕片装入碗中即可。

莲藕

莲藕中含有维生素和微量元素，尤其是维生素 K、维生素 C，铁和钾的含量较高，熟食可健脾开胃。

烹饪小贴士

挑选莲藕时，藕节与藕节之间的间距越长，表示莲藕的成熟度越高，口感越松软。

扫一扫二维码
视频同步做美食

烤芦笋

⏱ 烹饪时间：12 分钟　🍲 难易度：★☆☆　🧂 口味：咸

【材料】芦笋 200 克
【调料】盐 3 克，食用油少许

---------------- 制作方法 Cooking ----------------

1　空气炸锅以 150℃预热 5 分钟；将芦
　　笋洗净，擦干表面水分，切去根部。
2　将芦笋表面刷上少许食用油，撒上盐。
3　将芦笋放入炸锅中，以 180℃烤制 7
　　分钟。
4　将烤好的芦笋取出，装入盘中即可。

芦笋

芦笋含有多种人体必需的大
量元素和微量元素。大量元
素如钙、磷、钾、铁的含量
都很高；微量元素如锌、铜、
锰、硒、铬等成分，全而且
比例适当。

三色营养鲜蔬

🕐 烹饪时间：15 分钟　🍲 难易度：★★☆　🔋 口味：咸

【材料】胡萝卜 200 克，黄彩椒 150 克，西葫芦 200 克

【调料】盐 5 克，食用油少许

---------------------------------- 制作方法 *Cooking* ----------------------------------

1　胡萝卜洗净，沥干水分；黄彩椒洗净，切月牙形小瓣；西葫芦洗净，切成
　　厚约 0.5 厘米的片。

2　空气炸锅以 160℃预热 3 分钟。

3　在蔬菜表面刷上少许食用油，再均匀地撒上盐。

4　蔬菜放入炸锅中，以 180℃烤约 12 分钟。将烤熟的食材取出，待稍稍放凉
　　后即可食用。

烹饪小贴士

将胡萝卜加热，放凉后用密封容器冷藏保存，可保鲜 5 天。

芝士红薯

⏱ 烹饪时间：13 分钟　🍲 难易度：★★☆　🔋 口味：甜

【材料】蒸熟的红薯 300 克，芝士适量，黄油少许，核桃碎、杏仁碎各 20 克
【调料】食用油适量

---------------------------- 制作方法 *Cooking* ----------------------------

1 空气炸锅以 160℃
预热 5 分钟；芝士切
成碎，装入碗中；将
蒸熟的红薯稍稍切
去一边后，将红薯肉
挖出。

2 将挖出的红薯肉
装碗，加入黄油、
核桃碎、杏仁碎，
搅拌均匀。

3 将拌好的红薯泥
再装入红薯中；在
填好的红薯上放上
芝士。

4 炸篮刷上少许食
用油；放入红薯后，
以 160℃烤 8 分钟，
烤好后取出即可。

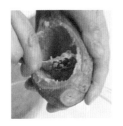   

烹饪小贴士

挖红薯泥时，红薯壁要保留一定厚度，以防止其形状破损。

扫一扫二维码
视频同步做美食

孜然洋葱

⏱ 烹饪时间：17 分钟　🍲 难易度：★ ☆ ☆　📕 口味：咸

【材料】洋葱 300 克

【调料】孜然粉 10 克，盐 2 克，食用油适量

------------- 制作方法 *Cooking* -------------

1 去除洋葱表皮，洗净后对半切开。

2 空气炸锅以 180℃预热 5 分钟。

3 洋葱表面刷上少许食用油，撒上盐，抹匀。

4 洋葱放入炸锅中，以 180℃烤制 12 分钟，其间将洋葱翻面 2 次。将烤好的洋葱取出，撒上少许孜然粉即可。

洋葱

洋葱含有富含蛋白质、糖、粗纤维、维生素及钙、磷、铁等矿物质，有散寒、健胃、杀菌等作用。

烹饪小贴士

切洋葱前，把刀放在冷水里浸一会儿，再切洋葱时就不会辣眼了。

蜜烤香蒜

🕐 烹饪时间：23 分钟　🍲 难易度：★★☆　🔋 口味：香甜

【材料】芝士适量，蒜头 300 克
【调料】食用油少许，蜂蜜适量

---------------------------- 制作方法 *Cooking* ----------------------------

1 炸锅以 160℃预热 5 分钟；芝士切成碎，装入碗中；蒜头去根部、表皮，放入热水中焯一下。

2 将蒜头捞出，放入碗中，待凉后切去顶部；将蜂蜜倒入锅中，放入蒜头，小火煮约 10 分钟。

3 将煮好的蒜头取出，顶部的切面上撒上适量芝士碎。

4 炸篮刷上食用油，将蒜头放入炸锅中，以 160℃烤 8 分钟，取出即可。

烹饪小贴士

也可以将蒜头用锡纸包住，有芝士的部分露在外面，这样蒜头更易烤入味。

扫一扫二维码
视频同步做美食

烤土豆圣女果

⏱ 烹饪时间：19 分钟　🍲 难易度：★☆☆　🧂 口味：咸

【材料】土豆仔 200 克，圣女果 200 克
【调料】盐 4 克，食用油适量

----------------------------- 制作方法 *Cooking* -----------------------------

1 空气炸锅 180℃
预热 5 分钟；土豆
仔、圣女果洗净，
擦干，用竹签依次
穿起后摆入盘中。

2 在土豆圣女果串
表面刷上食用油，
撒上少许盐，抹匀。

3 将土豆圣女果
串放入炸锅中，以
180℃烤制 14 分钟。

4 将烤好的土豆圣
女果串取出，放入
盘中即可。

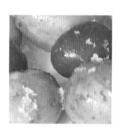

烹饪小贴士

如担心圣女果会烤得太干、太老，可将圣女果和土豆仔散放在
锅中直接烤。

扫一扫二维码
视频同步做美食

Chapter 3

鱼虾贝类，鲜味十足

　　新鲜的海鲜以空气炸锅烹制，不但完美地保留了其鲜汁、鲜味，还让喜欢吃海鲜却苦于烹制方式烦琐的人群找到了轻松大饱口福的不二法门。

椒香三文鱼

🕐 烹饪时间：16分钟　　🍲 难易度：★★☆　　🧂 口味：咸

【材料】三文鱼300克，黄椒30克，青椒50克

【调料】盐2克，鲜罗勒10克，牛至2克，黑胡椒碎3克，食用油5毫升

---------------------------- 制作方法 *Cooking* ----------------------------

1 炸锅以160℃预热5分钟；三文鱼洗净，去皮、骨，切块；黄椒洗净，切三角形；青椒洗净，切圈、去籽。

2 罗勒洗净，切碎后装入碗中；三文鱼块倒入碗中，加盐、牛至、黑胡椒碎、罗勒碎、食用油，拌匀，腌制至入味。

3 将三文鱼块放入炸锅中，以160℃烤8分钟；青椒圈、黄椒块装碗，加盐、食用油，拌匀。

4 烤8分钟后，放入青、黄椒，续烤3分钟。将烤好的食材取出，装入盘中即可。

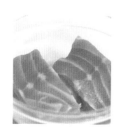   

烹饪小贴士

腌制三文鱼时，也可以加入一些料酒，可以更好地去除腥味。

扫一扫二维码
视频同步做美食

橘子三文鱼

🕐 烹饪时间：20分钟　　🍲 难易度：★★☆　　🔋 口味：咸

【材料】三文鱼 200 克，橘子、甜椒各 50 克，洋葱丝 10 克，欧芹、迷迭香各适量

【调料】橄榄油 10 毫升，盐、白胡椒粉、黑胡椒粉各 5 克

-------------------- 制作方法 *Cooking* --------------------

1 将三文鱼洗净，切成块；橘子剥开，去皮，留下果肉；甜椒洗净，切圈。

2 将三文鱼放入碗中，加入适量盐，撒上白胡椒粉、黑胡椒粉，搅拌均匀，腌制至入味。

3 炸锅以 180℃预热 5 分钟。

4 在三文鱼的表面刷上少许橄榄油，再撒上适量迷迭香，放入炸锅中，以180℃烤 15 分钟至其熟透。

5 将烤好的三文鱼取出，摆入盘中，铺上橘子、甜椒圈、洋葱丝，撒上欧芹即成。

烹饪小贴士

可以在三文鱼表面划一字花刀，腌制时更易入味。

时蔬三文鱼

🕐 烹饪时间：25 分钟　　🍲 难易度：★★☆　　🧊 口味：咸

【材料】三文鱼 200 克，胡萝卜、西蓝花各 80 克，迷迭香碎适量

【调料】盐 3 克，黑胡椒粉 5 克，橄榄油 15 毫升

--------------- 制作方法 *Cooking* ---------------

1　胡萝卜洗净去皮，用工具刀切成表面有横纹的圆形片；西蓝花洗净，切小朵。

2　将胡萝卜、西蓝花装入碗中，加橄榄油、盐，拌均匀。

3　三文鱼放入碗中，加盐、黑胡椒粉、橄榄油、迷迭香碎，腌制入味。

4　空气炸锅以 180℃预热 5 分钟，放入胡萝卜、西蓝花，以 180℃烤制约 5 分钟。烤好的蔬菜取出，装盘。

5　将腌制好的三文鱼放入炸锅内，以 180℃烤制 15 分钟至熟。取出三文鱼，放在烤好的蔬菜上即可。

三文鱼

三文鱼含有蛋白质、不饱和脂肪酸、烟酸、钙、铁、锌等营养成分，具有补虚劳、健脾和胃等功效。

烹饪小贴士

接触三文鱼时，手和刀上会有腥味，用柠檬擦手和刀就可以去除腥味。

柠檬三文鱼

🕐 烹饪时间：25 分钟　🍲 难易度：★★☆　🔋 口味：咸

【材料】三文鱼 250 克，柠檬 50 克，熟白芝麻 20 克，罗勒叶、百里香各少许

【调料】橄榄油 20 毫升，盐、黑胡椒粉各 8 克

-------------------- 制作方法 *Cooking* --------------------

1 将柠檬洗净，切成小瓣；罗勒叶洗净，切碎；百里香洗净。

2 三文鱼洗净放入碗中，加入盐、黑胡椒粉拌匀，腌制至入味。

3 空气炸锅以 180℃ 预热 5 分钟；三文鱼两面刷上橄榄油，放入炸锅中，以 180℃ 烤约 20 分钟。

4 将三文鱼取出，挤入适量柠檬汁，撒上罗勒叶，摆上百里香，最后撒上熟白芝麻即可。

烹饪小贴士

烤制过程中，最好能将三文鱼多翻几次面，以让其上色均匀。

彩椒烤鳕鱼

⏱ 烹饪时间：18 分钟　🍲 难易度：★★☆　🔥 口味：咸

【材料】鳕鱼 400 克，红彩椒、洋葱各 30 克，黄彩椒 40 克，欧芹
　　　　碎适量

【调料】盐、黑胡椒碎各 3 克，柠檬汁少许，食用油适量

------------------------------ 制作方法 *Cooking* ------------------------------

1 空气炸锅以 160℃预热 5 分钟；鳕鱼洗净，去皮、骨后切小块，装入碗中，
　加入盐、黑胡椒碎、柠檬汁拌匀，腌制至入味。

2 红彩椒、黄彩椒均洗净，切小块；洋葱洗净，切丝。

3 将洋葱丝、彩椒块倒入碗中，加入盐、食用油、黑胡椒碎，拌匀。

4 将鳕鱼块放入炸锅中，以 160℃烤 8 分钟后，放入彩椒、洋葱丝，续烤
　5 分钟。将烤好的食材取出，装入盘中，撒上欧芹碎即可。

烹饪小贴士

可以用锡纸将鳕鱼块包住后再烤，这样鱼肉本身的水分能更充
分地被保留住，口感更软嫩。

扫一扫二维码
视频同步做美食

柠檬鳕鱼

🕐 烹饪时间：25 分钟　🍲 难易度：★★☆　🗄 口味：咸

【材料】鳕鱼 150 克，芦笋 100 克，胡萝卜泥、土豆泥各 100 克

【调料】橄榄油 10 毫升，盐 3 克，柠檬汁 5 毫升

---------------------------------- 制作方法 *Cooking* ----------------------------------

1 鳕鱼洗净装碗，放入盐、柠檬汁、橄榄油，拌匀，腌制至入味；
　芦笋洗净，沥干水。

2 空气炸锅以 180℃预热 5 分钟。

3 将鳕鱼和芦笋放入空气炸锅中，以 180℃烤约 5 分钟。将烤好的
　芦笋取出、鱼肉翻面，续烤 15 分钟至熟。

4 将烤好的鳕鱼装盘，放入胡萝卜泥、土豆泥和芦笋即可。

烹饪小贴士

芦笋下半部分纤维较多，食用时可去皮。

香烤鳕鱼鲜蔬

🕐 烹饪时间：17 分钟　　🍲 难易度：★★☆　　🧊 口味：咸

【材料】鳕鱼 400 克，土豆 1 个，青柠 2 个，圣女果 5 个，黄椒适量

【调料】食用油 10 毫升，盐 3 克，柠檬汁 5 毫升，白胡椒粉适量

------------------------------ 制作方法 *Cooking* ------------------------------

1 炸篮中铺入锡纸，以 180℃ 预热 5 分钟；黄椒洗净，切小块；土豆洗净，切圆片。

2 鳕鱼去骨后切为两半，去除鱼皮；鳕鱼装碗，加盐、白胡椒粉、柠檬汁拌匀，腌制至入味。

3 炸锅中的锡纸刷上食用油，放入鳕鱼、土豆片、圣女果，表面刷食用油。

4 以 180℃ 烤 12 分钟后，将烤好的食材取出装盘，摆上切开的青柠即可。

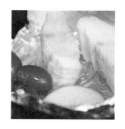

烹饪小贴士

如果不想把圣女果烤得太干，可以提前将其取出。

扫一扫二维码
视频同步做美食

椒香柠檬秋刀鱼

🕐 烹饪时间：15 分钟　🍲 难易度：★☆☆　🧂 口味：咸

【材料】秋刀鱼 2 条，柠檬汁、薄荷叶各适量
【调料】盐、食用油、胡椒粉各适量

---------------------------- 制作方法 *Cooking* ----------------------------

1 空气炸锅以 180℃预热 5 分钟。
2 秋刀鱼洗净，两面切十字刀，用盐腌制片刻，再撒上胡椒粉，腌制至入味。
3 将秋刀鱼两面刷上食用油，放入炸锅中以 180℃烤 10 分钟。
4 将烤好的秋刀鱼装盘，把柠檬汁均匀地淋在鱼身上，再用薄荷叶装饰一下即可。

焦香竹荚鱼

🕐 烹饪时间：23分钟　🍲 难易度：★★☆　🧂 口味：咸

【材料】竹荚鱼 300 克，圆白菜 100 克，柠檬 15 克，圣女果 30 克，欧芹 10 克，鸡蛋 1 个

【调料】橄榄油 20 毫升，盐 3 克，面包糠 50 克，面粉 40 克，黑胡椒碎 10 克

-------------------- 制作方法 *Cooking* --------------------

1 竹荚鱼去内脏、去头，洗净，抹上盐和黑胡椒碎，腌制至入味。

2 鸡蛋打入碗中，制成蛋液；圆白菜洗净，切细丝，装盘待用；欧芹洗净。

3 将腌制好的竹荚鱼依次沾上面粉、鸡蛋液、面包糠。

4 空气炸锅以 200℃预热 5 分钟后，竹荚鱼表面刷橄榄油，放入炸篮，以 200℃烤 18 分钟。

5 将烤好的竹荚鱼放在圆白菜丝上、再依次放入柠檬、圣女果、欧芹即可。

烹饪小贴士

未烹制的竹荚鱼去除内脏后，最好冷冻保存，以保证其新鲜度。

气炸大虾

⏱ 烹饪时间：15 分钟　🍲 难易度：★★☆　🥫 口味：咸

【材料】鲜虾 150 克，结球生菜 50 克，柠檬 1 个
【调料】食用油 10 毫升，盐 3 克

---------------- 制作方法 *Cooking* ----------------

1 空气炸锅以 180℃ 预热 5 分钟；鲜虾洗净，挑去虾线，装碗待用；柠檬切成两半；结球生菜洗净，手撕成片状，装盘待用。

2 将盐、柠檬挤汁、食用油加入装虾的碗中，拌匀，腌制至入味。

3 将虾放入炸锅，以 180℃ 烤 10 分钟。

4 将烤好的虾取出，放入摆有生菜的盘中即可。

虾

虾中含有 20% 的蛋白质，是蛋白质含量很高的食品之一。虾含有丰富的钾、碘、镁、磷等微量元素和维生素 A 等成分。

烹饪小贴士

腌制虾时可以滴入少许醋，这样烹制好的虾外壳颜色更鲜红亮丽。

扫一扫二维码
视频同步做美食

柠檬沙拉鲜虾

⏱ 烹饪时间：22 分钟　　🍲 难易度：★★☆　　🧈 口味：咸

【材料】鲜虾 300 克，柠檬 50 克，香菜叶适量，蒜蓉少许

【调料】柠檬汁、料酒各 10 毫升，蜂蜜 15 克，盐 3 克，黄油 5 克，
　　　　沙拉酱适量

------------------------------ 制作方法 *Cooking* ------------------------------

1　鲜虾洗净去头，将虾开背，取出虾线后装碗；香菜叶洗净，切碎；柠檬洗净，
　　切两半。

2　将盐、蜂蜜、柠檬汁、黄油、料酒、蒜蓉放入虾碗中拌匀，腌制至入味。

3　空气炸锅以 180℃预热 5 分钟后，放入虾，以 180℃烤约 12 分钟。

4　将柠檬放入炸锅中，和虾一起再烤 5 分钟。

5　将烤好的虾和柠檬取出，装入盘中，淋上适量沙拉酱，撒上香菜碎即可。

烹饪小贴士

烹制虾之前，可以先用泡桂皮的沸水将虾冲烫一下，这样烤出
来的虾的味道更鲜美。

培根鲜虾卷

⏱ 烹饪时间：20 分钟　　🍲 难易度：★★☆　　🧂 口味：咸

【材料】鲜虾 350 克，培根 200 克，青椒 50 克，红椒 30 克
【调料】盐 2 克，料酒 5 毫升，黑胡椒碎适量

------- 制作方法 *Cooking* -------

1 炸锅以 140℃预热 5 分钟；虾去壳和头，保留虾尾，清洗后放入碗中，加盐、料酒，腌制至入味。

2 青椒、红椒均洗净，去籽，切细条。

3 取 1 条培根，首端放上 1 只虾、青椒条、红椒条，将其卷起；依次将其他食材制成虾卷。

4 将虾卷放入炸锅中，以 140℃烤 15 分钟。将虾卷取出，装入盘中，撒上少许黑胡椒碎即可。

烹饪小贴士

可在虾内部弯曲处划几刀，虾就成直线状了，培根卷起来更方便。

扫一扫二维码
视频同步做美食

鲜香元贝串 🍲

🕐 烹饪时间：18分钟　🍲 难易度：★☆☆　🧊 口味：咸

【材料】元贝肉7个，香菜碎适量

【调料】盐、料酒各适量，食用油少许

······················ 制作方法 *Cooking* ·······················

1 空气炸锅以180℃预热3分钟。

2 将元贝肉洗净，用盐、料酒腌制至入味。

3 将元贝肉的表面水分擦干，刷上少许食用油。

4 将元贝肉用竹签穿起，放入炸锅中，以180℃烤15分钟。烤制过程中，将元贝串翻面一次。

5 将烤好的元贝串摆入盘中，撒上香菜碎即可。

元贝肉

元贝因其味道特别鲜美，素有"海鲜极品"的美誉，也是"海产八珍"之一。元贝富含蛋白质、碳水化合物、核黄素、钙、磷、铁等多种营养成分。

烹饪小贴士

如炸锅的长度无法放入竹签，可将元贝肉直接平铺在炸篮中烤制。

红椒扇贝

🕐 烹饪时间：23 分钟　　🍲 难易度：★☆☆　　🗄 口味：咸

【材料】扇贝 4 个，红辣椒 1 个，韭菜碎少许
【调料】椒盐、食用油各适量

-------------- 制作方法 *Cooking* --------------

1 扇贝洗净，擦干水，抹上少许食用油，
　撒上适量椒盐。
2 红辣椒洗净，切细丝，撒在扇贝上。
3 空气炸锅以 180℃ 预热 5 分钟后，
　放入扇贝。
4 以 180℃ 烤制 18 分钟，将烤好的扇贝
　取出，撒上少许韭菜碎即可。

扇贝

扇贝含有蛋白质、维生素
B、维生素 E、镁、钾等营
养成分，具有健脾和胃、润
肠通便等功效。

烹饪小贴士

如果使用的是冷冻扇贝，切记将其放于室内自然解冻，不要放
在水里融化，尤其是热水，否则会影响扇贝的鲜度和口感。

气炸鱿鱼圈

⏱ 烹饪时间：15 分钟　　🍲 难易度：★★☆　　🧊 口味：咸

【材料】鱿鱼 300 克，玉米淀粉、面包糠各适量，鸡蛋 2 个
【调料】盐少许，料酒适量，食用油 10 毫升

----制作方法 *Cooking*----

1 空气炸锅以 180℃ 预热 5 分钟。

2 鱿鱼收拾干净，切成宽约 1 厘米的圈，装入碗中；加盐、料酒、食用油，拌匀，腌制入味。

3 鸡蛋打入碗中，制成蛋液；将腌制好的鱿鱼圈依次沾上玉米淀粉、蛋液、面包糠，放入盘中待用。

4 将鱿鱼圈放入预热好的炸锅内，以 180℃ 炸制 10 分钟。取出鱿鱼圈，装入盘中即可。

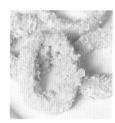

烹饪小贴士

烤前将鱿鱼用开水焯一下，炸出的鱿鱼圈更酥脆。

扫一扫二维码
视频同步做美食

椒盐鱿鱼串 🍳

🕐 烹饪时间：18 分钟　🍲 难易度：★★☆　🧂 口味：咸

【材料】鱿鱼 3 个，香菜、柠檬各适量
【调料】盐、椒盐、料酒各适量，食用油少许

---------------------------- 制作方法 *Cooking* ----------------------------

1　将鱿鱼去除内脏，洗净后放入碗中，加入料酒、盐，搅拌均匀，
　　腌制至入味。

2　将腌制好的鱿鱼取出，擦去表面水分，用竹签将鱿鱼穿起。

3　空气炸锅以 180℃预热 3 分钟。

4　鱿鱼串表面刷上少许食用油，撒上椒盐，放入炸锅中以 180℃烤
　　制 15 分钟。

5　将烤好的鱿鱼串取出，放在铺有洗净香菜的盘子中，旁边放上柠
　　檬即可。

烹饪小贴士

挑选鱿鱼时首先要观察色泽，新鲜鱿鱼外表会呈现粉红色半透明
的光泽，不新鲜鱿鱼的颜色都很暗淡。

Chapter 4

畜肉禽蛋，香嫩多汁

畜肉禽蛋是人体所必需的蛋白质的重要来源之一，搭配上一些新鲜蔬菜，再用空气炸锅来烹制，绝对是营养均衡的健康美味。

韩式香烤五花肉

🕐 烹饪时间：15 分钟　🍲 难易度：★☆☆　🧂 口味：咸辣

【材料】五花肉片 300 克，韩式辣椒酱 30 克，生菜 70 克，蒜片 10 克

【调料】食用油 5 毫升，白芝麻少许

---------------------------- 制作方法 *Cooking* ----------------------------

1 空气炸锅 160℃ 预热 5 分钟；五花肉片倒入碗中，加入蒜片、食用油，拌匀，腌制片刻。

2 将腌好的五花肉片放入炸锅中，以 180℃ 烤 10 分钟。

3 生菜叶洗净，沥干水，铺入盘中；拉开炸锅，将烤好的五花肉片取出。

4 将五花肉片摆在生菜上，刷上适量韩式辣椒酱，撒上白芝麻即可。

🍳 烹饪小贴士

如果肉片切得较薄，可以适当减少烤制的时间。

扫一扫二维码
视频同步做美食

蒜香里脊双拼 🍲

🕐 烹饪时间：35 分钟　📦 难易度：★★☆　🗄 口味：咸

【材料】猪里脊肉 150 克，香肠 80 克，新鲜小土豆 150 克，樱桃番
　　　　茄 140 克，蒜头 50 克，迷迭香适量
【调料】橄榄油 20 毫升，盐、胡椒粉各适量

-------------------------------- 制作方法 *Cooking* --------------------------------

1　小土豆洗净，切开，再改切成小瓣；蒜头剥去皮，从中间横腰切开，留下
　　底部；迷迭香洗净，切碎；樱桃番茄洗净。

2　将里脊肉放入碗中，加入适量橄榄油、盐、胡椒粉，搅拌均匀，腌制至入味；
　　切好的小土豆装碗，加入适量橄榄油、盐、胡椒粉，拌匀，备用。

3　空气炸锅的炸篮铺上锡纸，以 200℃预热 5 分钟。

4　锡纸刷上油，放入腌制好的里脊肉、小土豆，撒上适量迷迭香，以 200℃烤
　　制 30 分钟。

5　待烤至 20 分钟时，取出烤好的小土豆，放入香肠、樱桃番茄、蒜头，再撒
　　上迷迭香，续烤 10 分钟。

6　将烤好的食材取出，里脊肉表面切数个一字花刀；香肠切片后，插入里脊
　　肉的一字刀口中，再将所有食材摆入盘中即可。

烹饪小贴士

烤制前在里脊肉表面先切一字花刀，这样更易烤熟。

脆香猪排

⏱ 烹饪时间：15 分钟　　🍲 难易度：★★☆　　📕 口味：咸

【材料】猪里脊肉 350 克，鸡蛋 1 个，生菜 130 克，豆苗少许，面包糠、
　　　　淀粉各 60 克

【调料】盐 3 克，生抽 15 毫升，食用油适量

---------------------------------- 制作方法 *Cooking* ----------------------------------

1 空气炸锅中铺入锡纸，以 180℃预热 5 分钟；猪里脊肉切成厚约 1.5 厘米的片，用刀背拍松，加盐、生抽，拌匀。

2 生菜洗净，备用；鸡蛋打入碗中，制成蛋液；将里脊肉片依次裹上淀粉、蛋液、面包糠，制成猪排。

3 拉开炸锅，锡纸刷上少许食用油；猪排放入锡纸上，表面刷食用油，以 180℃烤 10 分钟。

4 取出烤好的猪排，装入铺有生菜叶的盘中，放上豆苗点缀即可。

烹饪小贴士

如果想让猪排颜色更金黄，可以多裹一层蛋黄液。

法式蓝带猪排

🕐 烹饪时间：30 分钟　　📦 难易度：★★★　　🔋 口味：咸

【材料】猪里脊肉 150 克，火腿、芝士片各 3 片，鸡蛋 1 个，欧芹少许，
　　　　面粉、面包糠各适量

【调料】盐 3 克，胡椒粉少许，干牛至适量

------------------------------ 制作方法 *Cooking* ------------------------------

1　空气炸锅以 200℃预热 5 分钟；里脊肉洗净，切成 6 片，不要太厚，用松肉锤
　　或刀背将肉片拍松后放入碗中，加入盐、胡椒粉、干牛至，拌匀调味；鸡蛋打
　　入碗中，制成蛋液，备用。

2　取一片肉片，上面放上火腿、芝士片，再盖上另一片肉片，制成猪排。注意，
　　不要让火腿片和芝士片超出肉片边缘。

3　用刀背拍打猪排边缘，使之紧密，这样炸的时候不易松散；依次做好其他猪排。

4　猪排表面沾上面粉，再裹上蛋液，最后沾上面包糠。

5　猪排放入炸锅，以 200℃烤制 25 分钟。将烤好的猪排取出，装入盘中，放上欧
　　芹即可。

╭─ 烹饪小贴士 ─╮

挑选的猪里脊肉要有光泽，用手指压过的凹陷部分能立即恢复原
状的话，说明较新鲜。

番茄酱肉丸

⏱ 烹饪时间：18 分钟　🍲 难易度：★★☆　🍴 口味：咸

【材料】肉馅 200 克，洋葱 50 克，胡萝卜 40 克，去皮马蹄 30 克，葱段适量

【调料】橄榄油、料酒各 8 毫升，鸡粉 3 克，盐、白胡椒粉 5 克，生粉适量，番茄酱 40 克

---------------- 制作方法 *Cooking* ----------------

1 空气炸锅 200℃预热 3 分钟；洋葱、胡萝卜均洗净，切成末；马蹄洗净，切成末。

2 将肉馅与洋葱末、胡萝卜末、马蹄末拌匀，加入盐、料酒、白胡椒粉、葱段。

3 再放入鸡粉、橄榄油、生粉，拌匀；然后制成数个肉丸，放入炸锅以 200℃烤 15 分钟。

4 将烤好的肉丸取出，放入盛有番茄酱的碗中，均匀地裹上番茄酱，装入碗中即可。

烹饪小贴士

肉馅中可以加一些鸡蛋清，这样肉丸不易松散。

扫一扫二维码
视频同步做美食

培根绿豆角

⏱ 烹饪时间：15 分钟　　🍲 难易度：★★☆　　🧂 口味：咸

【材料】培根 100 克，豆角 300 克
【调料】盐 3 克，橄榄油适量

---------------------------- 制作方法 *Cooking* ----------------------------

1 空气炸锅 180℃ 预热 5 分钟；豆角洗净，切成适当长度。

2 将培根放在砧板上，豆角平放在培根的一头，慢慢将培根卷起，最后用牙签固定。

3 依次将食材制成培根豆角卷；豆角表面刷上少许橄榄油，撒上盐，抹匀。

4 将培根豆角放入炸锅中，以 180℃ 烤制 10 分钟。将烤好的培根豆角卷取出，装入盘中，食用前取出牙签即可。

烹饪小贴士

豆角可以用水焯过后再烤，这样可以缩短烤制时间。

扫一扫二维码
视频同步做美食

芝士红椒酿肉

🕐 烹饪时间：17分钟　　🍲 难易度：★★☆　　🧂 口味：咸

【材料】猪肉馅300克，红彩椒1个，蛋清少许，芝士碎适量，圣女果2个
【调料】盐3克，食用油适量，生抽5毫升

------- 制作方法 *Cooking* -------

1　空气炸锅以170℃预热5分钟。
2　将猪肉馅放入碗中，加蛋清、盐、食
　　用油、生抽，拌匀；红彩椒洗净，对
　　半切开，去籽。
3　将拌好的猪肉馅装入红彩椒中，撒上
　　适量芝士碎，放入炸锅以180℃烤制
　　10分钟。
4　拉出炸篮，将洗净的圣女果放到芝士
　　上，续烤2分钟。将食材取出，放入
　　盘中即可。

红彩椒

红彩椒含有维生素A、B、
纤维素等多种营养成分，具
有促进食欲、增强免疫力等
功效。

咖喱肉片

⏱ 烹饪时间：18分钟　🍲 难易度：★☆☆　🧂 口味：咸

【材料】 猪瘦肉400克，香菜适量
【调料】 橄榄油、生抽、白兰地各10毫升，盐3克，咖喱粉15克，
　　　　胡椒粉5克

------------------------------ 制作方法 *Cooking* ------------------------------

1 空气炸锅以180℃预热5分钟；猪瘦肉洗净切厚片，装碗；香菜洗净，切碎待用。
2 猪肉片中加入盐、生抽、白兰地、胡椒粉，拌匀。
3 再倒入橄榄油、咖喱粉，拌匀，腌制至入味。
4 将肉片放入炸锅中，以180℃烤制13分钟。取出肉片放入碗中，撒上香菜即可。

烹饪小贴士

可以在肉片表面刷上少许食用油再烤制，这样不易粘锅。

嫩烤牛肉杏鲍菇

烹饪时间：15分钟　难易度：★★☆　口味：咸

【材料】杏鲍菇2根，牛肉馅150克，地瓜粉适量
【调料】盐3克，胡椒粉适量，食用油少许

制作方法 *Cooking*

1 空气炸锅180℃预热5分钟；杏鲍菇洗净，擦干表面水分，切成厚约0.5厘米的片。

2 牛肉馅装碗，加盐、胡椒粉调味，加入地瓜粉拌匀，备用。

3 菇片的表面刷上少许食用油，将其翻面放上牛肉馅，刷油，放入炸锅中以180℃烤10分钟。

4 将烤好的牛肉杏鲍菇取出，放入盘中即可。

烹饪小贴士

杏鲍菇底部一定要刷上食用油。一是防止烤制时粘锅；二是能更好地保留杏鲍菇中的水分，以提升其口感。

扫一扫二维码
视频同步做美食

牛肉双花

🕐 烹饪时间：15分钟　🍲 难易度：★★☆　🧊 口味：咸

【材料】牛肉300克，菜花、西蓝花各50克，白兰地10毫升，干迷迭
　　　　香适量，意大利面少许
【调料】盐3克，黑胡椒碎5克，食用油15毫升

---------------- 制作方法 *Cooking* ----------------

1　空气炸锅以180℃预热5分钟；牛肉洗
　　净，擦干水切片，装入碗中，放入盐、
　　黑胡椒碎、白兰地、干迷迭香和少许食
　　用油，拌匀，腌制至入味；西蓝花、菜
　　花均洗净，切小朵。

2　取一片牛肉平铺于盘子中，取西蓝花、
　　菜花各一朵放于一边，慢慢将其卷起，
　　用意大利面将其固定住。

3　将其余的食材制成肉卷，在肉卷表面刷
　　上少许食用油；用锡纸将菜花部分包
　　住，放入刷过油的炸篮中，以180℃烤
　　10分钟。

4　打开炸锅，将烤好的牛肉取出，装入盘
　　中即可。

牛肉

牛肉富含维生素B、铁、锌
等营养成分，有增强免疫力、
益气补血等功效。

烹饪小贴士

也可将整个肉卷用锡纸包住，这样牛肉中的水分可被更好地保留。

扫一扫二维码
视频同步做美食

双椒牛排

烹饪时间：30 分钟　　难易度：★★☆　　口味：咸

【材料】牛排 300 克，生菜 100 克，迷迭香适量
【调料】盐、白胡椒粉、黑胡椒粒各 3 克，橄榄油 15 毫升，
　　　　烧烤酱适量

-------------------- 制作方法 *Cooking* --------------------

1　空气炸锅以 200℃预热 5 分钟。

2　生菜洗净，沥干水分；牛排洗净，放入
　　碗中，加入盐、白胡椒粉、橄榄油，搅
　　拌均匀，腌制至入味；迷迭香洗净。

3　牛排表面刷上少许橄榄油，放入炸锅
　　中，以 200℃烤约 25 分钟。

4　待烤制 20 分钟时，将牛排表面刷上少
　　许烧烤酱，续烤 5 分钟。

5　将烤好的牛排取出，放入盘中，撒上黑
　　胡椒粒，放上生菜、迷迭香即可。

黑胡椒

黑胡椒是一种常用调味料，
含有锰、钾、铁、维生素 C、
维生素 D、纤维等营养成分，
有温中、下气、解毒等功效。

烹饪小贴士

即使空气炸锅的锅内整体受热均匀，烤制牛排过程中也要翻动
几次，以保证其表面上色匀称。

香草牛棒骨

🕐 烹饪时间：30分钟　🍲 难易度：★★☆　🧂 口味：咸

【材料】牛棒骨300克，小土豆200克，迷迭香10克

【调料】橄榄油、白胡椒粉各适量，盐5克，柠檬汁、生抽各8毫升，
辣椒粉、蜂蜜各8克，迷迭香末适量

------------------------------ 制作方法 *Cooking* ------------------------------

1 空气炸锅以200℃预热5分钟。

2 小土豆去皮洗净，表面刷上橄榄油；牛棒骨洗净装入碗中，加入盐、
柠檬汁、生抽、白胡椒粉、迷迭香末、辣椒粉、蜂蜜，搅拌均匀。

3 牛棒骨表面刷上适量橄榄油，腌制至入味；迷迭香洗净。

4 牛棒骨放入炸锅中，以200℃烤制25分钟。

5 待烤至10分钟时，将小土豆放入炸锅中，铺平，续烤15分钟。

6 将烤好的牛棒骨、小土豆取出，装入盘中，再放上迷迭香即可。

烹饪小贴士

如感觉牛棒骨肉质较老，可将其急冻再冷藏一两天，肉质可
稍变嫩。

多汁羊肉片 🍲

⏱ 烹饪时间：30 分钟　　🍲 难易度：★★☆　　🍱 口味：咸

【材料】羊肉 300 克，小土豆 50 克，西芹叶、莳萝草碎、面粉各适量
【调料】食用油、柠檬汁、生抽各 10 毫升，盐、黑胡椒碎各 5 克，烤
　　　　肉酱 15 克，料酒适量

······· 制作方法 *Cooking* ·······

1 空气炸锅以 200℃预热 5 分钟。

2 小土豆去皮，洗净；羊肉洗净放入碗中，加入盐、料酒、生抽、柠檬汁、
烤肉酱、黑胡椒碎、食用油、搅拌均匀，腌制至入味；西芹叶洗净。

3 将腌制好的羊肉表面裹上面粉，用锡纸包好后放入炸锅中，以 200℃烤制
25 分钟。

4 待烤至 10 分钟时，在小土豆表面刷上食用油、撒上黑胡椒碎，放入炸
锅中续烤 15 分钟。

5 将烤好的食材取出，羊肉切片后装入盘中，再将小土豆放入盘中，将包
裹羊肉的锡纸中的汤汁倒入盘中，撒上莳萝草碎、放上西芹叶即可。

烹饪小贴士

买回的新鲜羊肉要及时进行冷冻或冷藏，使肉温降到 5℃以下，
以减少细菌污染，延长保鲜期。

鲜果香料羊排

⏱ 烹饪时间：30分钟　　🍲 难易度：★★☆　　🗄 口味：咸

【材料】羊排 500 克，圣女果 80 克，黄樱桃 50 克，迷迭香少许

【调料】法式芥末籽酱 20 克，胡椒盐 10 克，黑胡椒碎 8 克，迷迭香碎 5
　　　　克，橄榄油 15 毫升

----------------------------- 制作方法 *Cooking* -----------------------------

1 空气炸锅底部铺上锡纸，以 200℃预热 5 分钟。

2 将羊排洗净，清除肋骨上的筋；圣女果、黄樱桃、迷迭香均洗净，备用。

3 羊排表面刷上橄榄油，放入炸锅，以 200℃烤制 25 分钟。

4 待烤至 17 分钟时，在羊排表面均匀地抹上法式芥末籽酱，将圣女果、黄
　樱桃放入炸锅中，铺匀，撒上胡椒盐、黑胡椒碎、迷迭香碎，再续烤 8 分钟。

5 将烤好的羊排、圣女果、黄樱桃装入盘中，摆入迷迭香即可。

烹饪小贴士

要选购肉色鲜红、有光泽，肉质细而紧密、有弹性，外表略干
不粘手的羊肉。

椒香柠檬鸡肉

⏱ 烹饪时间：30分钟　　🍲 难易度：★★☆　　🧊 口味：咸

【材料】鸡胸肉500克，黄瓜适量，柠檬片少许

【调料】盐3克，食用油10毫升，料酒5毫升，胡椒粉、鸡粉各少许，
　　　　黑胡椒碎适量

---------------------------------- 制作方法 *Cooking* ----------------------------------

1 空气炸锅200℃
预热5分钟；黄瓜
洗净，切细丝，放
入盘中，待用。

2 鸡胸肉洗净，两
面切上一字花刀，
放入碗中；加盐、
鸡粉、料酒、胡椒
粉，腌制至入味。

3 腌制好的鸡胸肉
表面抹上食用油，
放入炸篮中，以
200℃烤25分钟。

4 将烤好的鸡肉
取出，放入盛有
黄瓜丝的盘中，
撒上黑胡椒碎、
摆上柠檬片即可。

烹饪小贴士

腌制鸡胸肉时，加入少许蛋清抓匀，烹制出的鸡肉口感更嫩滑。

蔓越莓鸡肉卷 🍲

🕐 烹饪时间：40 分钟　🍲 难易度：★★☆　🔋 口味：咸

【材料】鸡胸肉 500 克，蔓越莓干 50 克，大杏仁、开心果各 40 克，
　　　　生菜叶适量

【调料】胡椒盐 8 克，黑胡椒碎 5 克，红酒 30 毫升，橄榄油、烧烤
　　　　酱各适量

-------- 制作方法 *Cooking* --------

1　空气炸锅以 200℃ 预热 5 分钟。

2　鸡胸肉洗净，切成厚约 1.5 厘米的片装碗；加入红酒、胡椒盐，搅拌均
　匀，腌制至入味。

3　腌制好的鸡肉片平铺在砧板上，放上蔓越莓干、大杏仁、开心果、胡椒
　盐，卷起后用牙签将鸡肉卷固定，静置 10 分钟。

4　鸡肉卷表面刷上橄榄油，撒上适量黑胡椒碎，放入炸锅中，以 200℃ 烤
　25 分钟。

5　待烤至 18 分钟时，在鸡肉卷表面刷上少许烧烤酱，续烤 7 分钟。

6　将烤好的鸡肉卷取出，拔出牙签，放入摆有生菜叶的盘中即可。

烹饪小贴士

可以将鸡肉卷用锡纸包住后烤制，这样能更好地保留鸡肉中的
水分，口感会更好。

番茄鸡肉卷

🕐 烹饪时间：30 分钟　🍲 难易度：★★☆　🧂 口味：咸

【材料】鸡胸肉 300 克，番茄 80 克，罗勒叶少许
【调料】橄榄油 10 毫升，盐 5 克，胡椒粉适量

------------ 制作方法 *Cooking* ------------

1　空气炸锅以 200℃预热 5 分钟。
2　鸡胸肉洗净，切片；番茄、罗勒叶均洗净，
　切成碎末。
3　将番茄、罗勒叶适量平铺在鸡肉片上，
　淋上少许橄榄油，撒上盐、胡椒粉；将
　鸡肉片卷起，制成鸡肉卷，然后在其表
　面刷上橄榄油。
4　鸡肉卷放入炸锅，以 200℃烤制 25 分钟。
5　将烤好的鸡肉卷取出，切成片放入盘中
　即可。

番茄

未食用的番茄可以置于室温
下保存。方法是：将番茄放
入食品袋中，扎紧口，放在
阴凉通风处；每隔一天打开
口袋透透气，擦干水珠后再
扎紧。

烹饪小贴士

可在番茄顶部切十字花刀，用开水烫下即可轻易去皮。

香草鸡肉卷 🍲

🕐 烹饪时间：33 分钟　　🍲 难易度：★★★　　🗒 口味：咸

【材料】鸡腿肉 300 克，洋葱 50 克，油橄榄 40 克，迷迭香、百里香各
　　　　20 克，薄荷叶 10 克，姜末、蒜末各 5 克，葱花适量，马苏里
　　　　拉芝士 30 克
【调料】橄榄油、料酒各 10 毫升，盐 3 克，腌肉料 10 克

-------------------------------- 制作方法 *Cooking* --------------------------------

1　鸡腿肉洗净，切成厚约 1.5 厘米的片；洋葱、迷迭香、百里香、薄荷叶均切碎；
　　油橄榄切末。

2　将鸡腿肉放入碗中，加入葱花、姜末、蒜末、洋葱丝、薄荷叶、腌肉料、盐、
　　料酒，搅拌均匀，腌制至入味。

3　炸篮铺上锡纸，空气炸锅以 200℃预热 5 分钟；然后把锡纸刷少许橄榄油，
　　放入油橄榄末、百里香、迷迭香，拌匀，烤 3 分钟后取出，备用。

4　将马苏里拉芝士用刨刀刨成碎末，备用。

5　将腌好的鸡腿肉鸡皮朝上，表面均匀地撒上芝士碎。

6　将烤好的食材平铺于鸡肉片上，再将鸡肉片卷成卷，用棉线缠紧，表面刷上少
　　许橄榄油。

7　锡纸上再次刷少许橄榄油，放入鸡肉卷，以 200℃烤 25 分钟。

8　烤至鸡肉卷表面呈金黄色时，取出鸡肉卷，拆掉棉线，切段，装入盘中即可。

烹饪小贴士

鸡肉卷里裹的馅料也可直接卷入鸡肉中，一起烤制，这样需延
长肉卷的烤制时间。

椒香鸡腿

🕐 烹饪时间：35 分钟　🍲 难易度：★☆☆　🍶 口味：咸

【材料】鸡腿 3 个，姜末少许

【调料】盐 3 克，料酒 5 毫升，鸡粉 2 克，黑胡椒碎、食用油各适量

-------------------- 制作方法 *Cooking* --------------------

1 空气炸锅 200℃ 预热 5 分钟。

2 鸡腿洗净，放入碗中，加入盐、鸡粉、料酒拌匀，腌制至入味。

3 在鸡腿表面刷上食用油，撒上姜末。

4 将鸡腿放入炸篮中，200℃ 烤 30 分钟。将烤好的鸡腿取出，撒上黑胡椒碎，放入盘中即可。

   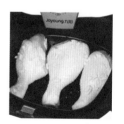

烹饪小贴士

鸡腿在烤制之前也可以先焯一下水，以便去除血水。

鸡翅包饭

⏱ 烹饪时间：20分钟　🍲 难易度：★★☆　🧊 口味：咸辣

【材料】鸡翅4个，去皮胡萝卜、洋葱、黄椒各30克，火腿肠1根，
　　　　米饭适量
【调料】韩式辣椒酱20克，食用油适量，料酒少许，盐6克，胡
　　　　椒粉5克

---------------- 制作方法 *Cooking* ----------------

1 炸篮铺上锡纸，
以180℃预热5分
钟；黄椒、洋葱、
胡萝卜均洗净，切
碎；火腿肠切碎。

2 鸡翅洗净，去骨，
翅尖处留骨，装碗；
加盐、食用油、胡
椒粉、料酒，腌制
入味。

3 锅中注油烧热，
放入蔬菜、火腿肠、
米饭，炒匀；加盐、
胡椒粉、韩式辣椒
酱，拌炒；用勺子
将炒饭塞入鸡翅中，
用牙签封口。

4 翅尖用锡纸包
住；炸篮内锡纸刷
油，放入鸡翅，表
面刷油，以180℃烤
15分钟。取出鸡翅，
装入盘中即可。

   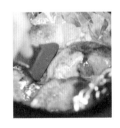

烹饪小贴士

鸡翅在烤制之前也可以稍稍过一下水，以便去除血水。

扫一扫二维码
视频同步做美食

烤鸡翅中

🕐 烹饪时间：23 分钟　🍲 难易度：★☆☆　📖 口味：咸辣

【材料】鸡翅中 150 克，蒜片、葱段、姜片各适量
【调料】盐 2 克，料酒适量，食用油少许，辣椒酱适量

制作方法 *Cooking*

1　空气炸锅以 200℃预热 5 分钟；鸡翅中洗净，装入碗中，放入蒜片、葱段、姜片、盐、食用油、料酒，搅拌均匀，腌制至入味。

2　鸡翅放入空气炸锅中，铺平，以 200℃烤制 18 分钟。

3　烤至 15 分钟时，在鸡翅中上面抹上适量的辣椒酱，续烤 3 分钟。

4　将烤好的鸡翅中取出，放入盘中即可。

鸡肉

鸡肉的蛋白质含量较高，脂肪含量较低。鸡肉是磷、铁、铜和锌的良好来源，并且富含丰富的维生素 B12、维生素 B6、维生素 A、维生素 D 和维生素 K 等。

烹饪小贴士

虽然鸡皮中含有较多的胶原蛋白，但其脂类物质含量也较多，可以去掉鸡皮烤制。

扫一扫二维码
视频同步做美食

台式盐酥鸡

🕐 烹饪时间：30 分钟　🍲 难易度：★★☆　🧂 口味：咸

【材料】鸡胸肉 300 克，蒜泥少许，鸡蛋 2 个，燕麦适量

【调料】料酒、生抽各 3 毫升，盐 3 克，淀粉、烤肉酱各适量，食用油 5 毫升

---------------- 制作方法 *Cooking* ----------------

1　空气炸锅以 180℃预热 5 分钟；鸡胸肉洗净，切块；鸡蛋打开，将蛋清、蛋黄分别装入碗中。

2　将鸡胸肉放入碗中，加入料酒、生抽、烤肉酱、盐、蒜泥、淀粉、蛋清，拌匀，盖上保鲜膜入冰箱冷藏 15 分钟。

3　将鸡肉块取出，分别沾上燕麦、蛋黄液，最后再裹上一层燕麦。

4　拉开炸篮，底部刷上食用油，放入鸡肉块，在其表面刷上食用油，以 180℃烤10 分钟。取出烤好的鸡肉，装入盘中即可。

麦片

麦片含有维生素 B、铁、锌、锰等成分，其中所含的亚麻油酸为人体必需脂肪酸。

烹饪小贴士

除了鸡胸肉，也可以用鸡腿肉来烤制，但是需腌制得久一些。

扫一扫二维码
视频同步做美食

西葫芦酿肉

⏱ 烹饪时间：15 分钟　　🍲 难易度：★★☆　　🗄 口味：咸

【材料】西葫芦 1 个，牛肉泥 150 克，洋葱碎、胡萝卜碎各 40 克，

【调料】盐 4 克，黑胡椒碎 3 克，橄榄油适量

---------------------------- 制作方法 *Cooking* ----------------------------

1 空气炸锅以 160℃预热 5 分钟。

2 将牛肉泥倒入碗中，加洋葱碎、胡萝卜碎、盐、黑胡椒碎、橄榄油，拌匀。

3 西葫芦洗净，去尾部，切成厚段；用模具去除心部，将心部切片再塞到瓜段的底部，制成瓜盅。

4 将其余的瓜段制成瓜盅，将拌好的牛肉泥取适量放入瓜盅中。

5 将制好的瓜盅放入炸锅中，表面刷上少许油，以 160℃烤 10 分钟。取出烤好的瓜盅放入盘中即可。

烹饪小贴士

如果担心食材在烤制过程中水分蒸发过大，可以用锡纸将其包住。

扫一扫二维码
视频同步做美食

西葫芦煎蛋饼

🕐 烹饪时间：18 分钟　🍲 难易度：★☆☆　🔋 口味：咸

【材料】鸡蛋 3 个，西葫芦 1 个，面粉适量
【调料】盐少许，食用油适量

-------------- 制作方法 *Cooking* --------------

1　炸篮铺上锡纸，锡纸刷上食用油，以
　　180℃预热 3 分钟；西葫芦洗净，切细丝，
　　撒少许盐。

2　鸡蛋打入碗中，制成蛋液；将腌制好的
　　西葫芦丝倒入蛋液碗中，拌匀。

3　碗中放入少许清水，分次加入面粉，边
　　加边搅，拌至面团状，制成数个饼坯。

4　将饼坯放入空气炸锅中，以 180℃烤制
　　15 分钟。

5　将饼取出，放入盘中即可。

西葫芦

西葫芦含有维生素 C、胡萝卜素、葡萄糖、钙等营养成分，具有清热利尿、润肺止咳等功效。

🏷 烹饪小贴士

煎制过程中，最好将饼坯反复翻面数次，以免沾在锡纸上。

扫一扫二维码
视频同步做美食

Chapter 5

馋嘴小吃，花样可口

　　说到小吃与零食，大家会不由得想到自己钟爱的薯条、吮指鸡块、面包甜点，甚至香甜的烤水果。拥有一个空气炸锅，每天都是大快朵颐的诱人小吃日！

香炸薯条

🕐 烹饪时间：20 分钟　　🍲 难易度：★☆☆　　🧃 口味：香

【材料】土豆 300 克
【调料】食用油少许

------------------------------ 制作方法 *Cooking* ------------------------------

1 空气炸锅 200℃
预热 5 分钟；土豆
去皮洗净，切厚片，
再改切条状，放入
盘中。

2 土豆条表面刷上
少许食用油。

3 将土豆条放入空
气炸锅中，铺匀，
以 200℃烤 15 分钟。

4 将烤好的薯条
取出，装入盘中
即可。

烹饪小贴士

土豆条表面抹完油之后，也可撒上一些盐再烤制。

扫一扫二维码
视频同步做美食

芝士虾丸

🕐 烹饪时间：20 分钟　　🍲 难易度：★★☆　　🧂 口味：咸、微甜

【材料】大虾 250 克，猪肉泥 50 克，芝士 100 克，蛋液 30 克

【调料】料酒 5 毫升，面包糠 30 克，生抽 10 毫升，盐 2 克，食用
　　　　油 10 毫升，胡椒粉、白砂糖、干淀粉各 5 克

---------------------------- 制作方法 *Cooking* ----------------------------

1 炸篮铺上锡纸，刷上食用油，以 180℃预热 5 分钟；大虾去虾壳、虾线，
　洗净，剁成虾泥；芝士切小块。

2 将猪肉泥放入虾泥中，拌匀；加入料酒、白砂糖、生抽、盐、胡椒粉、
　干淀粉，拌匀，腌制至入味。

3 取适量虾泥制成圆饼状，撒入适量芝士块；收拢虾饼，包住芝士块，制
　成球状。

4 将余下的虾泥制成数个虾球。

5 将虾球依次裹上干淀粉、蛋液、面包糠。

6 将制好的虾丸放入炸锅中，以 180℃烤 15 分钟。烤好的虾丸取出，装入
　盘中即可。

烹饪小贴士

可以在虾丸表面刷上少许食用油，这样烤出来的虾丸更金黄。

糯米番茄鸡块

⏱ 烹饪时间：25 分钟　🍲 难易度：★★★　🔋 口味：咸

【材料】鸡胸肉 300 克，糯米粉 5 克，鸡蛋 2 个，干淀粉 5 克

【调料】盐 5 克，鸡粉 4 克，胡椒粉、食用油、番茄酱、沙拉酱各适量

---------------------------- 制作方法 *Cooking* ----------------------------

1　炸篮铺上锡纸，刷上食用油，以 180℃预热 5 分钟。

2　鸡胸肉洗净，切小块。

3　鸡胸肉、鸡蛋、糯米粉、盐、胡椒粉、鸡粉放入料理机中，打成泥，备用。

4　将鸡肉泥做成数个鸡肉块，放入盘中，盖上保鲜膜，放入冰箱冷冻至成形，
　　备用。

5　干淀粉中加入适量清水，调制成面糊。

6　将冻好的鸡块取出，裹上一层淀粉糊，放入盘中。

7　将鸡块放入空气炸锅中，以 180℃烤制 20 分钟。取出鸡块放入盘中，食
　　用时蘸上番茄酱、沙拉酱即可。

烹饪小贴士

可以去除鸡胸肉中的筋膜后再放入料理机搅打，以防搅打时筋
膜缠住料理机的搅刀。

酥炸洋葱圈

🕐 烹饪时间：15 分钟　　🍲 难易度：★★☆　　🔋 口味：咸

【材料】洋葱 200 克，鸡蛋 1 个，面粉、面包糠各适量
【调料】盐适量

---------------------------- 制作方法 *Cooking* ----------------------------

1 空气炸锅 180℃
预热 5 分钟；洋
葱洗净，去根部
和头部，切圈后
放入碗中，加盐，
腌制片刻。

2 鸡蛋打入碗中，
制成蛋液，备用。

3 将洋葱圈依次沾
上面粉、蛋液、面
包糠，放入盘中，
备用。

4 将洋葱圈放入
空气炸锅中，以
180℃ 烤制 10 分
钟。取出洋葱圈，
装入碗中即可。

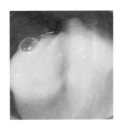

烹饪小贴士

将洋葱圈冷冻后再烤，口感更好。

扫一扫二维码
视频同步做美食

黄金豆腐

🕐 烹饪时间：13 分钟　　🍲 难易度：★ ☆ ☆　　🔋 口味：咸

【材料】豆腐 300 克
【调料】盐 3 克，食用油适量

---------- 制作方法 *Cooking* ----------

1 空气炸锅以 180℃预热 5 分钟。
2 豆腐洗净，切正方形块；用厨房用纸吸去豆腐块表面水分，刷上少许食用油，撒上盐，抹匀，用竹签将其穿起。
3 将豆腐块放入炸锅中，以 180℃烤制 8 分钟。烤制过程中，可将豆腐块翻几次面。
4 将烤好的豆腐块取出，摆入盘中即可。

烹饪小贴士

可将豆腐放入淡盐水中泡半个小时后再烹制，这样豆腐就不易碎散。

炸鸡翅

⏱ 烹饪时间：45 分钟　　🍲 难易度：★★☆　　📖 口味：咸

【材料】鸡翅 400 克，生粉 40 克，蛋液 60 克，面包糠适量
【调料】盐、胡椒粉各 3 克，生抽 8 毫升

---------------- 制作方法 *Cooking* ----------------

1 将鸡翅划上一字花刀，放入碗中。

2 碗中加入盐、胡椒粉、生抽，拌匀，腌制 20 分钟。

3 将腌制好的鸡翅依次裹上蛋液、生粉，再次裹上蛋液、面包糠，放入盘中。

4 空气炸锅以 200℃预热 5 分钟；将鸡翅平铺在炸篮里，以 200℃烤制 20 分钟。

5 烤至 15 分钟时，将鸡翅翻面，继续烤制 5 分钟。取出烤好的鸡翅，放入盘中即可。

烹饪小贴士

鸡翅表面划上一字花刀，腌制时会更加入味。

扫一扫二维码
视频同步做美食

烤金枪鱼丸

🕐 烹饪时间：17 分钟　🍲 难易度：★★☆　🧂 口味：咸

【材料】金枪鱼罐头 1 罐，洋葱碎、胡萝卜碎、芹菜碎各 50 克，面粉 15 克，
　　　　地瓜粉 5 克
【调料】盐、胡椒粉各少许，食用油适量

-------------------- 制作方法 *Cooking* --------------------

1 炸篮铺上锡纸，刷上食用油，以 180℃预热 5 分钟。

2 金枪鱼肉放入碗中，加入洋葱碎、胡萝卜碎、芹菜碎、地瓜粉、面粉。

3 再放入胡椒粉、盐、食用油，用筷子将食材拌匀，制成数个鱼丸，待用。

4 将鱼丸放入空气炸锅内，以 180℃烤制 12 分钟。取出烤好的鱼丸，装入碗中即可。

  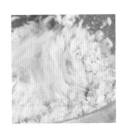 

烹饪小贴士

也可买来新鲜的金枪鱼，烹制熟后再放入馅料中，这样丸子的味道更鲜美。

扫一扫二维码
视频同步做美食

苏格兰蛋

⏱ 烹饪时间：15 分钟　🍲 难易度：★★☆　🧂 口味：咸

【材料】猪肉馅 400 克，熟鹌鹑蛋 200 克，葱花、面包糠各少许，面粉适量，
　　　　蛋液适量

【调料】生抽 3 毫升，橄榄油 6 毫升，盐 3 克，料酒 8 毫升，黑胡椒碎适量

---------------------------- 制作方法 *Cooking* ----------------------------

1 空气炸锅 160℃
预热 5 分钟；肉
馅装碗，加蛋液、
葱花、盐、黑胡
椒碎、油、料酒、
生抽、面粉，拌匀。

2 手中抹上适量面
粉，取肉馅放手中，
制成肉饼；鹌鹑蛋
沾面粉放肉饼上，
用肉饼将鹌鹑蛋包
住，再沾上面包糠。

3 依次制成数个苏
格兰蛋，再在蛋的
表面刷上橄榄油，
放入炸锅中，以
160℃烤 10 分钟。

4 将烤好的苏格兰
蛋取出，装入盘中
即可。

烹饪小贴士

也可以在肉馅中加入自己喜欢吃的蔬菜，这样营养更丰富。

扫一扫二维码
视频同步做美食

腰果小鱼干

🕐 烹饪时间：7 分钟　　🍲 难易度：★☆☆　　🧂 口味：咸

【材料】腰果 200 克，小鱼干 150 克，葡萄干 100 克
【调料】食用油适量

---------------- 制作方法 *Cooking* ----------------

1　空气炸锅以 150℃预热 3 分钟。
2　将擦拭干净的腰果、小鱼干、葡萄干
　　放入炸锅中，拌匀，表面刷上少许食
　　用油。
3　将食材以 150℃烤制 4 分钟。
4　将烤好的食材装入盘中即可。

腰果

腰果中富含油脂、蛋白质、
氨基酸、维生素 B1、维生素
A，有润肠通便、滋润皮肤的
作用。

烹饪小贴士

购买腰果时，选外观呈完整月牙形、色泽白、饱满、气味香、
油脂丰富、无蛀虫、无斑点的为佳。

扫一扫二维码
视频同步做美食

小米素丸子

⏱ 烹饪时间：15 分钟　　🍲 难易度：★★☆　　🧂口味：咸

【材料】欧芹叶 20 克，泡发小米 100 克，面粉 200 克
【调料】橄榄油适量，盐少许，黑胡椒粉适量

---------------- 制作方法 *Cooking* ----------------

1 空气炸锅以 180℃预热 5 分钟；欧芹叶
　洗净，沥干水分，用刀切成碎末状（留
　几片最后摆盘装饰用）。

2 面粉开窝，倒入适量清水，加入少许橄
　榄油、盐，揉搓至软。

3 将面团做成数个小剂子，搓成圆球状；
　裹上适量小米和欧芹末，再撒上黑胡椒
　粉，制成丸子放入盘中，备用。

4 将小米丸子放入空气炸锅中，以 180℃
　烤 10 分钟，至其表面金黄。

5 取出丸子，装饰上竹签、欧芹叶即可。

小米

小米中富含蛋白质、钙、维生
素 A、维生素 D、维生素 C、
维生素 B12 等。小米不仅供
食用，入药有清热、清渴、滋
阴等功效。

🥄 烹饪小贴士

小米一般需泡发 30 分钟左右，这样可以节省烹制时间。

芝士法棍

⏱ 烹饪时间：11 分钟　🍲 难易度：★☆☆　🔋 口味：咸

【材料】芝士碎 200 克，腊肠、西红柿各 150 克，菠菜 45 克，法棍（法式长棍面包）200 克，罗勒叶适量

【调料】食用油适量

---------------- 制作方法 *Cooking* ----------------

1 空气炸锅以 180℃预热 3 分钟；法棍切成小块。

2 洗净的菠菜沥干水分，切碎后装入碗中；西红柿洗净擦干，切小瓣，装入碗中；腊肠斜刀切薄片，装入碗中。

3 在法棍上放上菠菜、腊肠片、芝士碎。

4 炸锅锅底刷少许食用油，放入法棍片，以 180℃烤 8 分钟。取出烤好的法棍片，装入盘中，装饰上西红柿和罗勒叶即可。

芝士

芝士含有维生素 A、维生素 E、乳酸菌、蛋白质、钙、脂肪、磷等营养成分，有补钙、促进代谢等作用。

烹饪小贴士

法棍上的蔬菜和芝士，可依个人口味和喜好任意添加。

扫一扫二维码
视频同步做美食

蜜烤果仁 🍲

⏱ 烹饪时间：23 分钟　🍲 难易度：★☆☆　🧂 口味：甜

【材料】栗仁 300 克，杏仁 25 克，腰果、核桃仁各 30 克
【调料】食用油、蜂蜜各适量

---------------------------------- 制作方法 *Cooking* ----------------------------------

1 炸篮中铺入锡纸，以160℃预热5分钟。

2 锡纸上刷少许食用油，放入栗仁，表面刷食用油，以160℃烤8分钟。

3 8分钟后，栗仁表面刷蜂蜜，放入核桃仁、腰果、杏仁，表面刷食用油和蜂蜜，续烤10分钟。

4 取出烤好的果仁，装盘即可。

烹饪小贴士

依据果仁量及果仁个体的大小，可适当调整烤制时间。

扫一扫二维码
视频同步做美食

迷你香蕉一口酥

⏱ 烹饪时间：15 分钟　🍲 难易度：★☆☆　🧂 口味：甜

【材料】香蕉 2 根，面粉适量

【调料】蜂蜜、食用油各适量

----------- 制作方法 *Cooking* -----------

1 空气炸锅以 160℃预热 5 分钟；将面粉
倒入容器中，加入适量清水搅拌，然后
将其揉搓成光滑的面团。

2 取一块面团，将其擀成长条形面皮；香
蕉去皮后放在面皮一端，慢慢地将面皮
卷起包住香蕉，制成面皮卷。

3 面皮卷去除两边多余的面皮，将其切成
小段，制成香蕉酥坯；在香蕉酥坯表面
刷上少许食用油。

4 炸篮刷上少许食用油，放入香蕉酥坯，
以 180℃烤制 5 分钟后，在食材表面刷
上蜂蜜，续烤 5 分钟。取出烤好的香蕉
酥，放入盘中即可。

香蕉

香蕉含有膳食纤维、糖类、
维生素 A、维生素 C、镁等营
养成分，具有保护胃黏膜、
促进排便等作用。

烹饪小贴士

如担心香蕉氧化变黑，影响品相，可在其表面涂上少许柠檬汁。

扫一扫二维码
视频同步做美食

肉桂香烤苹果

🕐 烹饪时间：11 分钟　🍲 难易度：★☆☆　🔋 口味：香甜

【材料】苹果 200 克
【调料】肉桂粉适量

---------------------------- 制作方法 *Cooking* ----------------------------

1 空气炸锅 180℃
预热 5 分钟；苹果
洗净。

2 苹果切厚约 3 毫
米的片，放入盘中，
备用。

3 将苹果片放入预
热好的空气炸锅中，
以 180℃烤 6 分钟。

4 将烤好的苹果片
取出装盘，撒上适
量肉桂粉即可。

 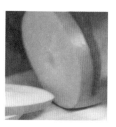 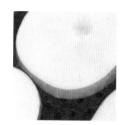 

烹饪小贴士

若将苹果装入保鲜袋再放进冰箱里，能保存较长时间。

扫一扫二维码
视频同步做美食

蜜烤紫薯

⏱ 烹饪时间：11 分钟　　🍲 难易度：★ ☆ ☆　　🗄 口味：甜

【材料】去皮紫薯 500 克

【调料】蜂蜜 10 毫升，盐少许，食用油适量

----- 制作方法 *Cooking* -----

1 空气炸锅以 160℃预热 5 分钟。

2 紫薯切成厚约 3 毫米的片，装入碗中；将炸篮刷上食用油，放入紫薯，以 140℃烤 3 分钟。

3 待 3 分钟后，在紫薯表面刷上食用油、蜂蜜，撒上少许盐；将其翻面，再刷上食用油、蜂蜜，撒上少许盐，续烤 3 分钟。

4 取出烤好的紫薯，装盘即可。

紫薯

紫薯含有丰富的蛋白质、纤维素、氨基酸、花青素等营养成分，具有增强机体免疫力、润肠通便等功效。

烹饪小贴士

紫薯在第一次烹制时，两面都刷上食用油和蜂蜜，这样烤制过程中无须将紫薯翻面。

扫一扫二维码
视频同步做美食

口蘑蛋挞

⏱ 烹饪时间：18 分钟　　🍲 难易度：★★☆　　🔥 口味：甜

【材料】蛋挞皮 5 个，口蘑 50 克，牛奶 150 毫升，蛋黄 3 个，罗勒叶、
　　　　低筋面粉各少许
【调料】白砂糖 50 克，炼乳 10 克

制作方法 *Cooking*

1 空气炸锅以 180℃预热 5 分钟；口蘑洗净，擦干表面水分，切成片状；
　罗勒叶洗净，备用。

2 牛奶、白砂糖、炼乳放入锅中，小火加热至白砂糖溶化后放凉；加入
　少许低筋面粉，拌匀；再放入蛋黄，搅匀。

3 将制好的蛋液倒入蛋挞皮中，再放入口蘑片，制成蛋挞生坯。

4 将蛋挞生坯放入空气炸锅中，以 180℃烤 13 分钟。

5 将烤好的蛋挞取出，放入盘中，装饰上罗勒叶即可。

烹饪小贴士

挑选口蘑时，要选只形小、分量轻、肉质厚，菌伞凸起，边缘
完整紧卷，菌柄短状的为上品。

香醋口蘑

🕐 烹饪时间：13 分钟　　🍲 难易度：★☆☆　　🧂 口味：咸

【材料】口蘑 300 克，香芹叶少许
【调料】食用油、油醋汁各适量

----------------------------- 制作方法 *Cooking* -----------------------------

1 空气炸锅以 160℃预热 5 分钟。
2 将口蘑洗净，擦去表面水分后切成薄片，表面刷上少许食用油。
3 将口蘑片放入空气炸锅中，以 160℃烤 8 分钟。
4 将烤好的口蘑取出，放入碗中，撒上香芹叶，食用时配上油醋汁即可。